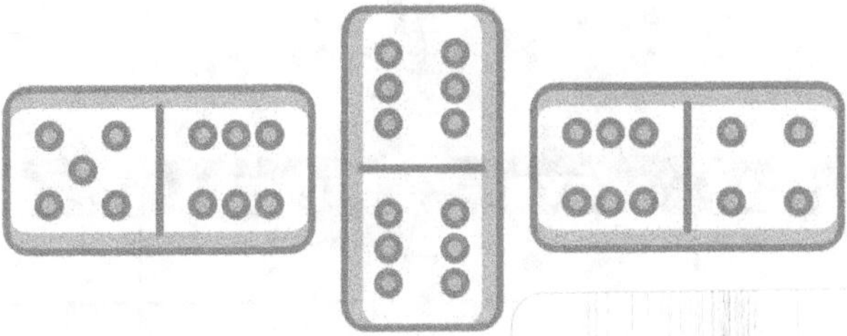

PROPIETARIO

AÑO

CONTACTO

Nosotros		Ellos	

Parcial	Total	Parcial	Total

Nosotros		Ellos	
Parcial	Total	Parcial	Total

Nosotros		Ellos	
Parcial	**Total**	**Parcial**	**Total**

Nosotros		Ellos	
Parcial	Total	Parcial	Total

Nosotros		Ellos	
Parcial	Total	Parcial	Total

NOSOTROS		ELLOS	
PARCIAL	TOTAL	PARCIAL	TOTAL

Nosotros		Ellos	

Parcial	Total	Parcial	Total

Nosotros		Ellos	
Parcial	Total	Parcial	Total

NOSOTROS | ELLOS

Parcial (Nosotros)	Total (Nosotros)	Parcial (Ellos)	Total (Ellos)

Nosotros		Ellos	
Parcial	Total	Parcial	Total

Nosotros		Ellos	
Parcial	Total	Parcial	Total

Nosotros		Ellos	
Parcial	Total	Parcial	Total

Nosotros		Ellos	
Parcial	Total	Parcial	Total

NOSOTROS		ELLOS	
PARCIAL	TOTAL	PARCIAL	TOTAL

Nosotros		Ellos	
Parcial	Total	Parcial	Total

Nosotros		Ellos	
Parcial	Total	Parcial	Total

Nosotros		Ellos	
______		______	
Parcial	Total	Parcial	Total

NOSOTROS		ELLOS	

PARCIAL	TOTAL	PARCIAL	TOTAL

Nosotros		Ellos	
Parcial	Total	Parcial	Total

Nosotros		Ellos	
Parcial	Total	Parcial	Total

Nosotros		Ellos	
Parcial	Total	Parcial	Total

Nosotros		Ellos	

Parcial	Total	Parcial	Total

Nosotros		Ellos	

Parcial	Total	Parcial	Total

NOSOTROS

ELLOS

PARCIAL	TOTAL	PARCIAL	TOTAL

NOSOTROS		ELLOS	
PARCIAL	TOTAL	PARCIAL	TOTAL

Nosotros		**Ellos**	
Parcial	**Total**	**Parcial**	**Total**

Nosotros		Ellos	

Parcial	Total	Parcial	Total

Nosotros		Ellos	
Parcial	Total	Parcial	Total

Nosotros		Ellos	
Parcial	Total	Parcial	Total

NOSOTROS		ELLOS	
PARCIAL	TOTAL	PARCIAL	TOTAL

NOSOTROS		ELLOS	
PARCIAL	**TOTAL**	**PARCIAL**	**TOTAL**

NOSOTROS		ELLOS	
PARCIAL	TOTAL	PARCIAL	TOTAL

Nosotros		Ellos	
Parcial	Total	Parcial	Total

NOSOTROS		**ELLOS**	
PARCIAL	**TOTAL**	**PARCIAL**	**TOTAL**

Nosotros		Ellos	

Parcial	Total	Parcial	Total

Nosotros		Ellos	
Parcial	Total	Parcial	Total

Nosotros		Ellos	
Parcial	Total	Parcial	Total

Nosotros		Ellos	
Parcial	Total	Parcial	Total

Nosotros		Ellos	
Parcial	**Total**	**Parcial**	**Total**

NOSOTROS

ELLOS

Parcial	Total	Parcial	Total

Nosotros		Ellos	
Parcial	Total	Parcial	Total

Nosotros		Ellos	
Parcial	Total	Parcial	Total

Nosotros		Ellos	
Parcial	Total	Parcial	Total

NOSOTROS		ELLOS	
PARCIAL	TOTAL	PARCIAL	TOTAL

Nosotros		Ellos	
Parcial	Total	Parcial	Total

Nosotros		Ellos	
Parcial	Total	Parcial	Total

Nosotros		Ellos	

Parcial	Total	Parcial	Total

NOSOTROS		ELLOS	
PARCIAL	**TOTAL**	**PARCIAL**	**TOTAL**

Nosotros		Ellos	

Parcial	Total	Parcial	Total

Nosotros		Ellos	
Parcial	Total	Parcial	Total

Nosotros		Ellos	
Parcial	Total	Parcial	Total

NOSOTROS		ELLOS	
PARCIAL	TOTAL	PARCIAL	TOTAL

Nosotros		Ellos	
Parcial	Total	Parcial	Total

NOSOTROS		ELLOS	
PARCIAL	TOTAL	PARCIAL	TOTAL

NOSOTROS | ELLOS

PARCIAL	TOTAL	PARCIAL	TOTAL

Nosotros		Ellos	
Parcial	Total	Parcial	Total

NOSOTROS

ELLOS

PARCIAL	TOTAL	PARCIAL	TOTAL

NOSOTROS		ELLOS	
PARCIAL	TOTAL	PARCIAL	TOTAL

NOSOTROS		ELLOS	
PARCIAL	TOTAL	PARCIAL	TOTAL

Nosotros		Ellos	
Parcial	Total	Parcial	Total

Nosotros		Ellos	

Parcial	Total	Parcial	Total

NOSOTROS		**ELLOS**	
PARCIAL	**TOTAL**	**PARCIAL**	**TOTAL**

Nosotros		Ellos	
Parcial	Total	Parcial	Total

Nosotros		Ellos	
Parcial	Total	Parcial	Total

Nosotros		Ellos	
Parcial	Total	Parcial	Total

Nosotros		Ellos	
Parcial	Total	Parcial	Total

Nosotros		Ellos	
Parcial	Total	Parcial	Total

Nosotros		Ellos	
________		________	
________		________	

Parcial	Total	Parcial	Total

Nosotros		Ellos	
Parcial	Total	Parcial	Total

Nosotros		Ellos	
Parcial	Total	Parcial	Total

Nosotros		Ellos	
Parcial	Total	Parcial	Total

NOSOTROS		ELLOS	
______________		______________	
______________		______________	

PARCIAL	TOTAL	PARCIAL	TOTAL

Nosotros		Ellos	

Parcial	Total	Parcial	Total

Nosotros		Ellos	
Parcial	Total	Parcial	Total

Nosotros		Ellos	
Parcial	Total	Parcial	Total

Nosotros		Ellos	
Parcial	Total	Parcial	Total

Nosotros		Ellos	
Parcial	Total	Parcial	Total

Nosotros		Ellos	
Parcial	Total	Parcial	Total

NOSOTROS

ELLOS

PARCIAL	TOTAL	PARCIAL	TOTAL

Nosotros		Ellos	
Parcial	Total	Parcial	Total

Nosotros		Ellos	
Parcial	Total	Parcial	Total

Nosotros		**Ellos**	

Parcial	Total	Parcial	Total

Nosotros		Ellos	
Parcial	Total	Parcial	Total

Nosotros		Ellos	
Parcial	Total	Parcial	Total

Nosotros		Ellos	
Parcial	Total	Parcial	Total

NOSOTROS

ELLOS

PARCIAL	TOTAL	PARCIAL	TOTAL

Nosotros		Ellos	
Parcial	Total	Parcial	Total

Nosotros		Ellos	

Parcial	Total	Parcial	Total

Nosotros		Ellos	
Parcial	Total	Parcial	Total

Nosotros		Ellos	
Parcial	**Total**	**Parcial**	**Total**

Nosotros		Ellos	
Parcial	Total	Parcial	Total

Nosotros		Ellos	
Parcial	Total	Parcial	Total

NOSOTROS		ELLOS	
PARCIAL	**TOTAL**	**PARCIAL**	**TOTAL**

Nosotros		Ellos	
Parcial	Total	Parcial	Total

Nosotros		Ellos	

Parcial	Total	Parcial	Total

Nosotros		Ellos	
Parcial	Total	Parcial	Total

Nosotros		Ellos	

Parcial	Total	Parcial	Total

Nosotros		Ellos	

Parcial	Total	Parcial	Total

Nosotros		Ellos	
Parcial	**Total**	**Parcial**	**Total**

www.ingramcontent.com/pod-product-compliance
Lightning Source LLC
Chambersburg PA
CBHW070317240526
45467CB00046B/1400
* 9 7 8 1 7 0 3 6 5 2 7 5 8 *